AF381748

# BORIS TZAPRENKO

# ASTRONAUTIQUE

(3. 281221)

Édition : BoD – Books on Demand,
12/14 rond-point des Champs-Élysées, 75008 Paris
Impression : BoD - Books on Demand, Norderstedt, Allemagne
ISBN: 9782322409662
Dépôt légal: Décembre 2021



rebrand.ly/AstroBTZ

# Table des matières

## POINTS IMPORTANTS AU SUJET DE L'ESPACE ET DE L'ASTRONAUTIQUE..........51



## LE RENDEZ-VOUS SPATIAL............................55

# INTRODUCTION

> La Terre est le berceau de l'humanité,
> mais on ne passe pas sa vie au berceau.
>
> *Constantin Edouardovitch Tsiolkovski (1857 – 1935)*

L'astronautique ! Je vais vous parler de cette fabuleuse aventure. Elle est la réalisation du rêve le plus audacieux de l'humanité : s'affranchir de la force qui nous colle au sol, depuis toujours, pour s'élever librement vers l'espace.

Je voudrais partager ma passion pour cette science qui n'a, pour l'heure, accompli qu'un pas bien timide sur un chemin infini, certes ! Mais il ne demeure pas moins vrai que nos pieds sont, enfin, posés sur ce chemin. De plus, le fait qu'il soit infini ne peut que nous réjouir ! Pourquoi en effet souhaiterions-nous que l'aventure prenne fin ?

Le premier but de l'astronautique est de chercher puis de décrire les lois physiques et des moyens techniques permettant de vaincre la force de pesanteur dans le but d'éloigner, à volonté, une masse de la surface de la Terre. Une fois ce travail accompli, nous lui confions aussi la tâche de maîtriser la trajectoire de cette masse vers une éventuelle destination spatiale, par exemple : la surface d'un autre monde ou bien une orbite quelque part autour de notre planète ou de quelque autre corps céleste. Au fil des pages, ci-dessous, nous allons commencer par découvrir ce qu'il faut, théoriquement, faire pour vaincre la pesanteur jusqu'à atteindre l'espace, ensuite, nous chercherons des moyens techniques nous permettant d'appliquer ces théories.

*

« Trente-cinq ! - trente-six ! - trente-sept ! - trente-huit ! - trente-neuf ! - quarante ! Feu !!!

Aussitôt Murchison, pressant du doigt l'interrupteur de l'appareil, rétablit le courant et lança l'étincelle électrique au fond de la Columbiad

Une détonation épouvantable, inouïe, surhumaine, dont rien ne saurait donner une idée, ni les éclats de la foudre, ni le fracas des éruptions, se produisit instantanément. Une immense gerbe de feu jaillit des entrailles du sol comme d'un cratère. La terre se souleva, et c'est à peine si quelques personnes purent un instant entrevoir le projectile fendant victorieusement l'air au milieu des vapeurs flamboyantes. »

*Extrait du roman « De la Terre à la Lune » de Jules Verne.*

# LA FORCE DE GRAVITATION

La pesanteur qui nous plaque au sol est la manifestation d'une force appelée « la force d'attraction universelle » ou « la force de gravitation » :

> **Tous les corps de l'Univers s'attirent selon une force qui est : proportionnelle à leur masse et inversement proportionnelle au carré de la distance qui les sépare.**

Il s'agit d'une des quatre forces fondamentales de l'Univers. Le comportement de la force de gravitation est décrit par l'équation de Newton :

$$F = \frac{GMm}{d^2}$$

**Équation 1**

Cette équation exprime la force d'attraction « F » entre deux masses « M » et « m » séparées par une distance « d ». (En première approximation, on considère la distance qui sépare les centres de gravité.)

Dans le système universel d'unités (MKS), « F » est exprimé en Newton, « d » en mètres, « M » et « m » en Kilogrammes.

« G » est la constante universelle de gravitation.
Sa valeur est de : $6{,}67 \times 10^{-11}$.

Dans le but de mettre à l'épreuve notre manière d'utiliser cette équation, nous allons l'essayer en calculant une chose qu'il nous sera très facile de vérifier : combien pèse un kilogramme à la surface de la Terre. Attention, voici les ingrédients du calcul :

G : Constante universelle de gravitation =
$6{,}67 \times 10^{-11}$.

M : Masse de la Terre = $6 \times 10^{24}$ kg.

m : masse de 1 kg.

d : rayon moyen de la Terre = 6 378 000 m.

Réponse = 9,81 Newtons, soit 1 kgf (un kilogramme-force).

Pendant que certains de nos congénères font des choses complètement inutiles, nous, on a calculé que :

À la surface de la Terre, 1 kg pèse 1 kg. Mais, il faudrait normalement dire que :

À la surface de la Terre, sur une masse de 1 kg, la gravitation exerce une force de 1 kgf (Un Kilogramme force).

Hurlons de joie et effectuons le calcul à différentes altitudes. Le premier tableau montre la variation de la force de pesanteur au fur et à mesure que l'on s'éloigne de la Terre.

| TERRE | | | $M = 6 \times 10^{24}$ Kg<br>$d$ = Rayon moyen = 6 378 Km | | |
|---|---|---|---|---|---|
| Altitude | A | B | Altitude | A | B |
| 0 | 9,81 | 1,000 | 0 | 9,81 | 1,000 |
| 100 000 | 9,51 | 0,969 | 1 000 000 | 7,33 | 0,747 |
| 200 000 | 9,22 | 0,940 | 2 000 000 | 5,68 | 0,579 |
| 300 000 | 8,95 | 0,912 | 3 000 000 | 4,53 | 0,462 |
| 400 000 | 8,68 | 0,885 | 4 000 000 | 3,70 | 0,377 |
| 500 000 | 8,43 | 0,860 | 5 000 000 | 3,08 | 0,314 |
| 600 000 | 8,19 | 0,835 | 6 000 000 | 2,60 | 0,265 |
| 700 000 | 7,96 | 0,812 | 7 000 000 | 2,23 | 0,227 |
| 800 000 | 7,74 | 0,789 | 8 000 000 | 1,93 | 0,197 |
| 900 000 | 7,53 | 0,768 | 9 000 000 | 1,69 | 0,172 |
| 1 000 000 | 7,33 | 0,747 | 10 000 000 | 1,49 | 0,151 |
| 1 100 000 | 7,13 | 0,727 | 11 000 000 | 1,32 | 0,135 |
| 1 200 000 | 6,95 | 0,708 | 12 000 000 | 1,18 | 0,120 |
| 1 300 000 | 6,77 | 0,690 | 13 000 000 | 1,06 | 0,108 |
| 1 400 000 | 6,59 | 0,672 | 14 000 000 | 0,96 | 0,098 |
| 1 500 000 | 6,43 | 0,655 | 15 000 000 | 0,87 | 0,089 |
| 1 600 000 | 6,27 | 0,639 | 16 000 000 | 0,80 | 0,081 |
| 1 700 000 | 6,11 | 0,623 | 17 000 000 | 0,73 | 0,074 |
| 1 800 000 | 5,96 | 0,608 | 18 000 000 | 0,67 | 0,068 |
| 1 900 000 | 5,82 | 0,593 | 19 000 000 | 0,62 | 0,063 |
| 2 000 000 | 5,68 | 0,579 | 20 000 000 | 0,57 | 0,058 |

| JUPITER | | | $M = 1,9 \times 10^{27}$ Kg<br>d = Rayon moyen = 71 000 Km | | |
|---|---|---|---|---|---|
| Altitude | A | B | Altitude | A | B |
| 0 | 25,14 | 2,563 | 0 | 25,14 | 2,563 |
| 100 000 | 25,07 | 2,555 | 1 000 000 | 24,45 | 2,492 |
| 200 000 | 25,00 | 2,548 | 2 000 000 | 23,78 | 2,424 |
| 300 000 | 24,93 | 2,541 | 3 000 000 | 23,14 | 2,359 |
| 400 000 | 24,86 | 2,534 | 4 000 000 | 22,53 | 2,297 |
| 500 000 | 24,79 | 2,527 | 5 000 000 | 21,94 | 2,237 |
| 600 000 | 24,72 | 2,520 | 6 000 000 | 21,37 | 2,179 |
| 700 000 | 24,65 | 2,513 | 7 000 000 | 20,83 | 2,123 |
| 800 000 | 24,58 | 2,506 | 8 000 000 | 20,31 | 2,070 |
| 900 000 | 24,51 | 2,499 | 9 000 000 | 19,80 | 2,019 |
| 1 000 000 | 24,45 | 2,492 | 10 000 000 | 19,32 | 1,969 |
| 1 100 000 | 24,38 | 2,485 | 11 000 000 | 18,85 | 1,921 |
| 1 200 000 | 24,31 | 2,478 | 12 000 000 | 18,40 | 1,875 |
| 1 300 000 | 24,24 | 2,471 | 13 000 000 | 17,96 | 1,831 |
| 1 400 000 | 24,18 | 2,465 | 14 000 000 | 17,54 | 1,788 |
| 1 500 000 | 24,11 | 2,458 | 15 000 000 | 17,13 | 1,747 |
| 1 600 000 | 24,04 | 2,451 | 16 000 000 | 16,74 | 1,707 |
| 1 700 000 | 23,98 | 2,444 | 17 000 000 | 16,36 | 1,668 |
| 1 800 000 | 23,91 | 2,438 | 18 000 000 | 16,00 | 1,631 |
| 1 900 000 | 23,85 | 2,431 | 19 000 000 | 15,65 | 1,595 |
| 2 000 000 | 23,78 | 2,424 | 20 000 000 | 15,30 | 1,560 |

| LUNE | | | $M = 7,35 \times 10^{22}$ Kg $d$ = Rayon moyen = 1 738 Km | | |
|---|---|---|---|---|---|
| Altitude | A | B | Altitude | A | B |
| 0 | 1,62 | 0,165 | 0 | 1,62 | 0,165 |
| 100 000 | 1,45 | 0,148 | 1 000 000 | 0,65 | 0,067 |
| 200 000 | 1,31 | 0,133 | 2 000 000 | 0,35 | 0,036 |
| 300 000 | 1,18 | 0,120 | 3 000 000 | 0,22 | 0,022 |
| 400 000 | 1,07 | 0,109 | 4 000 000 | 0,15 | 0,015 |
| 500 000 | 0,98 | 0,100 | 5 000 000 | 0,11 | 0,011 |
| 600 000 | 0,90 | 0,091 | 6 000 000 | 0,08 | 0,008 |
| 700 000 | 0,82 | 0,084 | 7 000 000 | 0,06 | 0,007 |
| 800 000 | 0,76 | 0,078 | 8 000 000 | 0,05 | 0,005 |
| 900 000 | 0,70 | 0,072 | 9 000 000 | 0,04 | 0,004 |
| 1 000 000 | 0,65 | 0,067 | 10 000 000 | 0,04 | 0,004 |
| 1 100 000 | 0,61 | 0,062 | 11 000 000 | 0,03 | 0,003 |
| 1 200 000 | 0,57 | 0,058 | 12 000 000 | 0,03 | 0,003 |
| 1 300 000 | 0,53 | 0,054 | 13 000 000 | 0,02 | 0,002 |
| 1 400 000 | 0,50 | 0,051 | 14 000 000 | 0,02 | 0,002 |
| 1 500 000 | 0,47 | 0,048 | 15 000 000 | 0,02 | 0,002 |
| 1 600 000 | 0,44 | 0,045 | 16 000 000 | 0,02 | 0,002 |
| 1 700 000 | 0,41 | 0,042 | 17 000 000 | 0,01 | 0,001 |
| 1 800 000 | 0,39 | 0,040 | 18 000 000 | 0,01 | 0,001 |
| 1 900 000 | 0,37 | 0,038 | 19 000 000 | 0,01 | 0,001 |
| 2 000 000 | 0,35 | 0,036 | 20 000 000 | 0,01 | 0,001 |

| SOLEIL | $M = 1{,}9 \times 10^{30}$ Kg | | | | |
|---|---|---|---|---|---|
| | | | $d$ = Rayon moyen = 700 000 Km | | |
| Altitude | A | B | Altitude | A | B |
| 0 | 258,63 | 26,364 | 0 | 258,63 | 26,364 |
| 10 000 000 | 251,40 | 25,627 | 100 000 000 | 198,02 | 20,185 |
| 20 000 000 | 244,46 | 24,920 | 200 000 000 | 156,46 | 15,949 |
| 30 000 000 | 237,81 | 24,242 | 300 000 000 | 126,73 | 12,918 |
| 40 000 000 | 231,43 | 23,591 | 400 000 000 | 104,74 | 10,676 |
| 50 000 000 | 225,30 | 22,966 | 500 000 000 | 88,01 | 8,971 |
| 60 000 000 | 219,41 | 22,366 | 600 000 000 | 74,99 | 7,644 |
| 70 000 000 | 213,75 | 21,789 | 700 000 000 | 64,66 | 6,591 |
| 80 000 000 | 208,30 | 21,233 | 800 000 000 | 56,32 | 5,742 |
| 90 000 000 | 203,06 | 20,699 | 900 000 000 | 49,50 | 5,046 |
| 100 000 000 | 198,02 | 20,185 | 1 000 000 000 | 43,85 | 4,470 |
| 110 000 000 | 193,16 | 19,690 | 1 100 000 000 | 39,11 | 3,987 |
| 120 000 000 | 188,47 | 19,212 | 1 200 000 000 | 35,11 | 3,579 |
| 130 000 000 | 183,96 | 18,752 | 1 300 000 000 | 31,68 | 3,230 |
| 140 000 000 | 179,61 | 18,308 | 1 400 000 000 | 28,74 | 2,929 |
| 150 000 000 | 175,40 | 17,880 | 1 500 000 000 | 26,18 | 2,669 |
| 160 000 000 | 171,35 | 17,467 | 1 600 000 000 | 23,96 | 2,442 |
| 170 000 000 | 167,43 | 17,068 | 1 700 000 000 | 22,00 | 2,243 |
| 180 000 000 | 163,65 | 16,682 | 1 800 000 000 | 20,28 | 2,067 |
| 190 000 000 | 159,99 | 16,309 | 1 900 000 000 | 18,75 | 1,911 |
| 200 000 000 | 156,46 | 15,949 | 2 000 000 000 | 17,38 | 1,772 |

COLONNE altitude : L'élévation de l'altitude est en m pour rappeler que le calcul, réalisé à l'aide de l'Équation 1, doit s'effectuer avec cette unité. À gauche, le pas est de 100 km, à droite il est de 1 000 km.

COLONNE A : Elle exprime la force de pesanteur en Newton. On peut dire aussi qu'elle indique l'accélération de la pesanteur en ms² (m seconde par seconde).

COLONNE B : C'est la Colonne A divisée par 9,81. Elle donne la mesure de la force de pesanteur exprimée par rapport à celle qui nous est commune dans notre vie quotidienne sur Terre. Exemples : Si une montagne de 100 km d'altitude existait, un homme de 100 kg aurait perdu 3 kg à son sommet, sans maigrir le moins du monde. Si cette montagne s'élevait à 1 000 km, ce même homme n'y pèserait plus que 75 kg. À 19 000 km, son poids serait de 6 kg seulement.

## Jupiter

Exultons bruyamment et faisons la même chose en changeant de planète. Remplaçons les éléments manipulés par l'équation de newton, qui sont spécifiques à la Terre, par les paramètres de Jupiter. Il n'y a aucune raison de toucher ni à G ni à m :

M = Masse de Jupiter = $1,9 \times 10^{27}$ kg

d = Rayon moyen de Jupiter = 71 000 000 m

Et voilà le travail ! S'il était possible de se poser à la surface de Jupiter, notre homme d'une masse de 100 kg pèserait dans les 256 kg sur ce monde géant. C'est un calcul approximatif, dans la mesure du fait que Jupiter a, encore plus que la Terre, un rayon qui varie (plus grand à l'équateur). Mais nous ne sommes pas à quelques grammes près !

## Le Soleil

Emportés dans notre liesse, beuglons comme des hystériques moult hip ! hip ! hip ! hourra ! et recommençons avec le Soleil :

M = Masse du Soleil = $1,9 \times 10^{30}$ kg

d = Rayon moyen du Soleil = 700 000 000 m

À 3 000 km de la Terre, la force de gravitation n'est déjà plus que de 46 % de celle qui règne à sa surface. À la même altitude, au-dessus de Jupiter, la pesanteur a, en comparaison, très peu diminué. En effet, vu sa taille, 3 000 km ne représentent pas grand-chose pour cette Planète. À 20 000 km, au-dessus de la surface de ce monde géant, la force de la gravitation est encore 1,56 fois plus forte qu'à la surface de la Terre. Pour le soleil, nous allons devoir utiliser des altitudes beaucoup plus grandes pour que l'on puisse constater une diminution significative de la force de gravitation selon notre éloignement.

À supposer que notre homme puisse se poser sur le Soleil, sa balance afficherait un nombre 26,364 fois plus grand que sur Terre. Imaginons qu'elle soit munie d'une interface à retour vocal de fabrication toulousaine :

— Boudu con ! lui dirait-elle, sur le soleil tu pèses 2 636 kg.

À 2 000 000 km, au-dessus de la surface de notre étoile, l'influence de la force de la gravitation est encore 1,772 fois plus forte qu'à la surface de la Terre.

## La Lune

Donnons libre cours à notre joie de bon aloi, buvons, crions, tapons-nous chaleureusement dans le dos, lançons tout autour de nous quantité de confettis, exterminons deux caisses de champagne, puis essayons avec la Lune :

À la surface de notre satellite, une masse de 1 kg, ne pèse que 165 g (une force de gravitation de 0,165 kgf s'exerce entre ces deux corps). Six fois moins que sur la Terre. On constate aussi que, comparativement aux autres tableaux, l'influence de la gravitation chute rapidement en altitude.

# VITESSES COSMIQUES

Vaincre la pesanteur grâce aux vitesses cosmiques.

La pesanteur ! Voici donc ce contre quoi nous allons devoir lutter pour nous arracher du sol. Bien ! comment allons-nous nous y prendre ?

Qui n'a pas remarqué que la distance parcourue par un projectile, avant de retomber, est d'autant plus grande qu'on le lance avec vigueur ! Sa trajectoire s'incurve toujours vers le sol, oui ! mais… imaginons que nous puissions le lancer suffisamment fort pour que la courbure de cette chute, inévitable, épouse la rotondité de la Terre.

Hum ! imaginons !

Pour sortir de l'atmosphère, construisons une tour, elle est en rouge sur le dessin. Du haut de cette tour, lançons un projectile, horizontalement.

Trajectoire blanche : ce n'est vraiment pas assez fort.

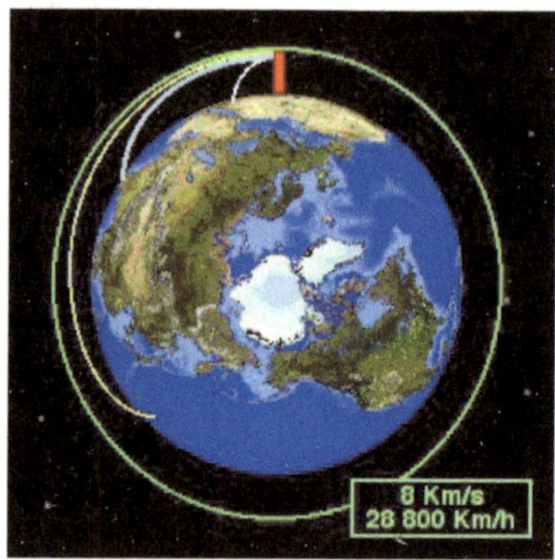


Plus fort donc ! Trajectoire bleue : ce n'est toujours pas bon.

Encore plus de hargne ! Trajectoire jaune : on y est presque.

Un effort supplémentaire : c'est parfait ! la courbe de la chute épouse parfaitement celle de la Terre.

Nous avons lancé le projectile à **8 km par seconde** soit 28 800 km à l'heure. **On peut dire qu'il tombe autour de la Terre.**

Dire que le satellite reste en orbite parce que la courbe de sa chute épouse la rotondité du monde autour duquel il gravite n'est qu'une manière de concevoir. On peut aussi dire que le projectile ne tombe pas, car il subit une force centrifuge, exactement égale à la force centripète exercée par la gravitation. Nous pouvons même prétendre que : la direction dans laquelle s'exerce la force de gravitation tournant sans cesse autour du satellite, celui-ci ne peut tomber, car à peine commence-t-il à tomber dans une direction qu'il constate déjà que ce n'est plus la bonne et qu'il doit en changer ? Imaginons sa déconvenue, voire son indignation ! Il est en tout cas intéressant de constater que le sens commun a souvent plusieurs manières d'appréhender les choses.

Toujours est-il que si nous étions capables de construire une telle tour et s'il était dans notre pouvoir de lancer un corps à la vitesse de 28 800 km/h, théoriquement, notre projectile ne reprendrait plus contact avec le sol. Il resterait dans l'espace. C'est le but que nous voulions atteindre.

Pour rester en orbite, autour de notre bonne veille Terre, il suffit de sortir de l'atmosphère et d'atteindre une vitesse horizontale de **8 km par seconde**. Cette vitesse caractéristique porte le nom de : **Vitesse Circulaire, ou Première vitesse cosmique.**

Dans ce qui suit,
« M » est la masse de la terre, soit : $6 \times 10^{24}$ kg.
« G » est la constante universelle de gravitation, soit : $6{,}67 \times 10^{-11}$.
« R » est le rayon de la terre : 6 378 000 m
« Z » est l'altitude. « R+Z » est donc l'équivalent de « d » de l'équation 1.

Lors de l'utilisation de ces équations, penser à exprimer les valeurs dans le système MKS. C'est-à-dire : mètre pour unité de longueur et kilogramme pour unité de masse.

**Calculer la vitesse circulaire, ou première vitesse cosmique :**

L'équation suivante calcule la vitesse circulaire (Vc) d'un satellite sur son orbite. Cette vitesse est également appelée « première vitesse cosmique ». Elle permet de se maintenir en orbite autour d'un corps de masse M et de rayon R à une altitude Z.

$$Vc = \sqrt{\frac{GM}{R + Z}}$$

**Première vitesse cosmique = 8 km/s**

**Calculer la vitesse d'évasion, ou deuxième vitesse cosmique :**

L'équation suivante calcule la vitesse d'évasion, (Ve). Cette vitesse est également appelée deuxième vitesse cosmique. Elle permet, se trouvant à une altitude Z, de quitter définitivement l'attraction d'un corps de masse M et de rayon R. Il s'agit, par exemple, de la vitesse qu'il faut atteindre pour quitter notre monde à destination d'une autre planète.

$$Ve = \sqrt{\frac{2GM}{R + Z}}$$

**Deuxième vitesse cosmique = 11,2 km/s**

Dans une crise d'enthousiasme ardent, équipons-nous d'une équation supplémentaire. Après tout, l'excès de bien ne nuit pas ! Celle-ci, dérivée de l'Équation 1, exprime la pesanteur (le poids) en g au lieu de l'exprimer en newton.

À présent, nantis de ces équations, regardons évoluer Vc, Ve, la pesanteur, et la durée de révolution selon différentes altitudes, autour de la Terre.

Évolution, selon l'altitude (Z), de Vc Vitesse circulaire (également appelée première vitesse cosmique), Ve Vitesse d'évasion (également appelée deuxième vitesse cosmique), P Pesanteur exprimée en g et de la durée de révolution exprimée en Heure, Minute, Seconde.

| Altitude (Z) | $Vc = \sqrt{\dfrac{GM}{R+Z}}$ | $Ve = \sqrt{\dfrac{2GM}{R+Z}}$ (ou Vc*1,414) | $P = \dfrac{\dfrac{GM}{(r+Z)^2}}{9,81}$ | Circonférence de l'orbite divisée par la vitesse circulaire | | |
| | Vitesse circulaire | Vitesse d'évasion "parabolique" | Pesanteur g | Durée de révolution | | |
| m | 1ère V cosmique | 2éme V cosmique | | H | mn | s |
| | /ms | /ms | | | | |
| 0 | *7 921,30* | *11 202,41* | **1,00000** | 01 | 24 | 19 |
| 180 000 | 7 811,83 | 11 047,60 | 0,94856 | 01 | 27 | 55 |
| 400 000 | 7 684,01 | 10 866,83 | 0,88798 | 01 | 32 | 22 |
| 1 000 000 | 7 364,94 | 10 415,60 | 0,74943 | 01 | 44 | 54 |
| 3 000 000 | 6 532,56 | 9 238,44 | 0,46386 | 02 | 30 | 20 |
| 5 000 000 | 5 930,69 | 8 387,27 | 0,31512 | 03 | 20 | 54 |
| 7 000 000 | 5 469,44 | 7 734,96 | 0,22794 | 04 | 16 | 08 |
| 9 000 000 | 5 101,39 | 7 214,46 | 0,17251 | 05 | 15 | 40 |
| 11 000 000 | 4 798,87 | 6 786,62 | 0,13509 | 06 | 19 | 13 |
| 13 000 000 | 4 544,48 | 6 426,86 | 0,10864 | 07 | 26 | 32 |
| 15 000 000 | 4 326,68 | 6 118,85 | 0,08926 | 08 | 37 | 25 |
| **35 842 500** | **3 078,77** | **4 354,03** | **0,02289** | **23** | **56** | **04** |
| **387 000 000** | **1 008,63** | **1 426,42** | **0,00026** | **680** | **41** | **50** |

Les deux dernières lignes, en gras, correspondent à :

• 35 842 500 orbite géostationnaire. En effet, la Terre tourne sur elle-même en 23 heures 56 minutes et

4 secondes. Il suffit donc d'orbiter précisément à cette altitude, pour tourner autour de la planète dans le même temps qu'elle tourne sur elle-même. Ce qui permet de rester immobile au-dessus d'un point choisi de l'équateur.

• 387 000 000 orbite de la Lune.

# LA PROPULSION DES FUSÉES

La propulsion des fusées : les fusées ou les navettes (les navettes ont des moteurs de fusée) se propulsent en utilisant le principe : « Action = réaction ». C'est la troisième loi de Newton, principe selon lequel à toute action correspond une réaction égale et de direction opposée.

Lorsque vous lancez une pierre au loin, vous produisez une force pour vaincre l'inertie du projectile. Cette force s'exerçant, sur votre main, dans le sens contraire de la trajectoire de la pierre, tend à vous faire reculer. C'est ce même phénomène de recul qui est utilisé pour la propulsion des fusées. Durant ce court laps de temps, votre main est un moteur à réaction. Imaginons que vous vous trouviez sur des patins avec des roulettes mécaniquement parfaites, c'est-à-dire sans aucune résistance, votre premier jet de pierre vous ferait déjà rouler.

Ainsi un moteur à réaction est vraiment très simple dans son principe de base.

Pour continuer à vous propulser, il faudrait lancer d'autres pierres. Mais vous ne pouvez emporter avec vous qu'un certain nombre de pierres, votre réserve ne sera pas infinie. Or, nous avons vu que, pour conquérir l'espace, il faut atteindre de grandes vitesses (8 km/s pour se mettre en orbite autour de la Terre). Par conséquent, il vous faudra tirer le meilleur parti de la masse destinée à la propulsion (les pierres). Pour optimiser le rendement de votre propulsion, par rapport à une masse propulsive donnée, il faudrait la lancer avec la plus grande force possible. Plus vous lancerez cette masse avec vigueur, plus vous obtiendrez un effet de réaction important.

Donc, pour obtenir un moteur à réaction le plus puissant possible, pour une masse éjectée donnée, on va éjecter cette masse avec le plus de force possible. Autrement dit, avec la plus grande vitesse d'éjection que nous puissions atteindre.

Pour ce faire, nous n'allons pas lancer des pierres, car nous ne savons pas le faire avec une efficacité satisfaisante. Nous allons utiliser une chambre de combustion à l'intérieur de laquelle nous chaufferons des gaz qui seront éjectés par un orifice appelé tuyère. Il nous faut trouver la combustion qui nous permettra d'obtenir la plus grande vitesse d'éjection possible.

On appelle « ergols », les carburants et les comburants que l'on utilise à cette fin.

# Vitesses d'éjections selon différents ergols

Kérosène / oxygène : 3100 m/s.
Meilleurs composés azotés : 3400 m/s.
Hydrogène / oxygène : 4500 m/s.

## Calcul de la vitesse de la fusée

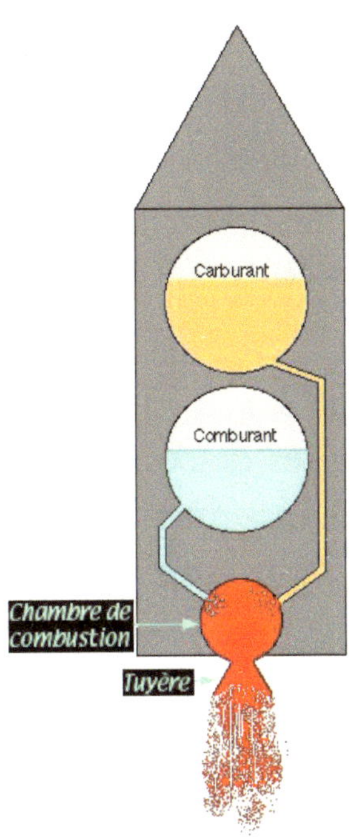


En supposant une vitesse d'éjection quelconque, mais uniforme et l'absence de toutes forces extérieures ou résistances (champ de gravitation, atmosphère…)

A) Soit : L'instant T1 ou la masse de la fusée est de M1.

B) Puis : L'instant T2 ou la masse de la fusée est de M2.

C) (Entre ces deux instants, la fusée a éjecté une masse égale à M1-M2).

D) Chaque fois que M1/M2 sera égal à 2,718 la fusée gagnera une vitesse égale à sa vitesse d'éjection. Hein ? Oui ! 2,718 c'est bien (e) la base du logarithme népérien.

Un exemple :

Une fusée à un instant (T1) à une masse (M1) de 1 000 t. Un peu plus tard, à l'instant (T2), on constate que la masse de cette fusée n'est plus que de 367,92 t. Entre ces deux instants cette fusée a éjecté 1 000-367,92 = 632,08 t.

D) 1 000 / 367,92 = 2,718 on à bien M1/M2=ln, donc la fusée, entre ces deux instants, a gagné sa vitesse d'éjection. On peut imaginer la même chose un autre instant plus tard, T3 par rapport à T2 etc.

## Équation de Tsiolkovski

Pour calculer le gain de vitesse après éjection d'une certaine masse on utilise l'équation de Tsiolkovski : formulée dès 1903 par Konstantine Edouardovitch Tsiolkovski, elle est égale à la valeur absolue du produit de la vitesse d'éjection (Véj) du jet propulsif par le logarithme népérien (ln) du rapport de masse (M1/M2) de la masse initiale de la fusée à sa masse restante après éjection d'une propulsive.

**L'équation de Tsiolkovski décrivant la propulsion des fusées :**

dv = Véj.e (M1/M2)

dv (delta vitesse) = Variation de vitesse de la fusée.

Véj = vitesse d'éjection.

e = 2,718 = Base du logarithme népérien.

M1 = Masse initiale de la fusée.

M2 = Masse restante après éjection d'une masse de propergol.

| | Masse de la fusée | Masse éjectée | % de masse restante | |
|---|---|---|---|---|
| T1 | 1000 | 0 | 100 | |
| T2 | 367,92 | 632,08 | 36,792 | 1 fois la vitesse d'éjection |
| T3 | 135,36 | 232,56 | 13,536 | 2 fois la vitesse d'éjection |
| T4 | 49,8 | 85,56 | 4,98 | 3 fois la vitesse d'éjection |
| T5 | 18,32 | 31,48 | 1,832 | 4 fois la vitesse d'éjection |

Le tableau suivant représente l'ascension d'une fusée Saturne 5, durant la combustion de son premier étage. (Ergols utilisés : kérosène et oxygène) Saturne 5 est la fusée du programme Apollo qui a amené les hommes sur la lune. En deux minutes 2 000 tonnes d'ergols sont consumés à raison de 13 t par seconde. Les cinq tuyères produisent une force de 3 500 tonnes et libèrent 160 000 000 de chevaux. On peut voir que la vitesse atteinte en fin de combustion de ce premier étage est de : 2 400 m/s. La masse restante est de 750 tonnes.

| Tps | Ergol consommés | Masse fusée | Force ascension | Accélération | | Pesanteur à bord | Vitesse | Altitude | Gain d'altitude |
| --- | --- | --- | --- | --- | --- | --- | --- | --- | --- |
| Seconde | tonne | tonne | tonne | g | m/ss | g | m/s | m | m |
| 0 | 0 | 2 700 | 1 408 | 0,52 | 5,12 | 1,52 | 0,00 | 0 | 0 |
| 5 | 65 | 2 635 | 1 473 | 0,56 | 5,48 | 1,56 | 25,58 | 0 | 0 |
| 10 | 130 | 2 570 | 1 538 | 0,60 | 5,87 | 1,60 | 53,00 | 196 | 196 |
| 15 | 195 | 2 505 | 1 603 | 0,64 | 6,28 | 1,64 | 82,35 | 535 | 338 |
| 20 | 260 | 2 440 | 1 668 | 0,68 | 6,71 | 1,68 | 113,74 | 1 025 | 490 |
| 25 | 325 | 2 375 | 1 733 | 0,73 | 7,16 | 1,73 | 147,28 | 1 678 | 653 |
| 30 | 390 | 2 310 | 1 798 | 0,78 | 7,64 | 1,78 | 183,07 | 2 503 | 826 |
| 35 | 455 | 2 245 | 1 863 | 0,83 | 8,14 | 1,83 | 221,25 | 3 514 | 1 011 |
| 40 | 520 | 2 180 | 1 928 | 0,88 | 8,68 | 1,88 | 261,95 | 4 722 | 1 208 |
| 45 | 585 | 2 115 | 1 993 | 0,94 | 9,24 | 1,94 | 305,33 | 6 140 | 1 418 |
| 50 | 650 | 2 050 | 2 058 | 1,00 | 9,85 | 2,00 | 351,56 | 7 783 | 1 642 |
| 55 | 715 | 1 985 | 2 123 | 1,07 | 10,49 | 2,07 | 400,80 | 9 664 | 1 881 |
| 60 | 780 | 1 920 | 2 188 | 1,14 | 11,18 | 2,14 | 453,26 | 11 799 | 2 135 |
| 65 | 845 | 1 855 | 2 253 | 1,21 | 11,92 | 2,21 | 509,16 | 14 205 | 2 406 |
| 70 | 910 | 1 790 | 2 318 | 1,30 | 12,70 | 2,30 | 568,73 | 16 900 | 2 695 |
| **75** | 975 | 1 725 | 2 383 | 1,38 | 13,55 | 2,38 | 632,25 | 19 902 | 3 002 |
| 80 | 1 040 | 1 660 | 2 448 | 1,47 | 14,47 | 2,47 | 700,01 | 23 233 | 3 331 |
| 85 | 1 105 | 1 595 | 2 513 | 1,58 | 15,46 | 2,58 | 772,35 | 26 914 | 3 681 |
| 90 | 1 170 | 1 530 | 2 578 | 1,69 | 16,53 | 2,69 | 849,63 | 30 969 | 4 055 |
| 95 | 1 235 | 1 465 | 2 643 | 1,80 | 17,70 | 2,80 | 932,28 | 35 423 | 4 455 |
| 100 | 1 300 | 1 400 | 2 708 | 1,93 | 18,98 | 2,93 | 1020,77 | 40 306 | 4 883 |
| 105 | 1 365 | 1 335 | 2 773 | 2,08 | 20,38 | 3,08 | 1115,65 | 45 647 | 5 341 |
| 110 | 1 430 | 1 270 | 2 838 | 2,23 | 21,92 | 3,23 | 1217,54 | 51 480 | 5 833 |
| 115 | 1 495 | 1 205 | 2 903 | 2,41 | 23,63 | 3,41 | 1327,15 | 57 842 | 6 362 |
| 120 | 1 560 | 1 140 | 2 968 | 2,60 | 25,54 | 3,60 | 1445,32 | 64 773 | 6 931 |
| 125 | 1 625 | 1 075 | 3 033 | 2,82 | 27,68 | 3,82 | 1573,02 | 72 319 | 7 546 |
| 130 | 1 690 | 1 010 | 3 098 | 3,07 | 30,09 | 4,07 | 1711,42 | 80 530 | 8 211 |
| 135 | 1 755 | 945 | 3 163 | 3,35 | 32,84 | 4,35 | 1861,87 | 89 463 | 8 933 |
| 140 | 1 820 | 880 | 3 228 | 3,67 | 35,99 | 4,67 | 2026,05 | 99 183 | 9 720 |
| 145 | 1 885 | 815 | 3 293 | 4,04 | 39,64 | 5,04 | 2205,98 | 109 763 | 10 580 |
| **150** | 1 950 | 750 | 3 358 | 4,48 | 43,92 | 5,48 | 2404,17 | 121 288 | 11 525 |

Pour alimenter les 160 millions de chevaux, une pompe de 140 000 chevaux est nécessaire afin de déverser 13 t d'ergol par seconde dans les chambres de combustion (c'est l'équivalent d'une pompe à essence pour une voiture). 140 000 chevaux, c'est la puissance totale d'un porte-avions comme le Foch. La puissance de 160 millions de chevaux, quant à elle, ne peut être comparée. Aucune autre machine mobile inventée par l'homme ne s'en approche. C'est la puissance totale dégagée par 160 000 formules 1 !

## La Fusée est un ballon qui se dégonfle

Comme nous venons de le voir, le principe de fonctionnement d'une fusée est somme toute très simple.

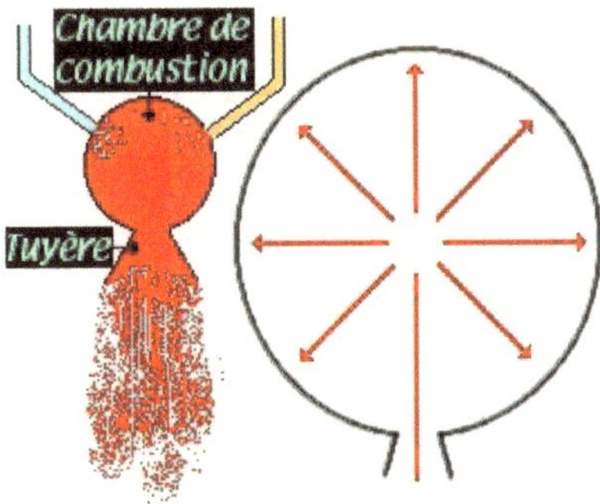


En fait, la chambre de combustion est tout simplement une sorte de ballon perfectionné en ce sens qu'il se remplit au fur et à mesure qu'il se dégonfle. En effet, il n'y a aucune différence, de principe, entre un ballon en baudruche qui se dégonfle et la plus sophistiquée des fusées. Les forces de pressions qui s'exercent à l'intérieur d'un l'espace clos, ici uniquement représentées par quelques flèches, sont uniformément réparties sur la surface intérieure du ballon ou de la chambre de combustion. Ces forces appuient sur toute la surface hormis en un lieu où se trouve une ouverture, celle de la valve pour le ballon, celle de la tuyère pour la fusée. Les forces qui s'exercent en face de cette ouverture étant les seules à ne pas avoir de forces opposées... Il est facile de comprendre pourquoi la fusée avance.

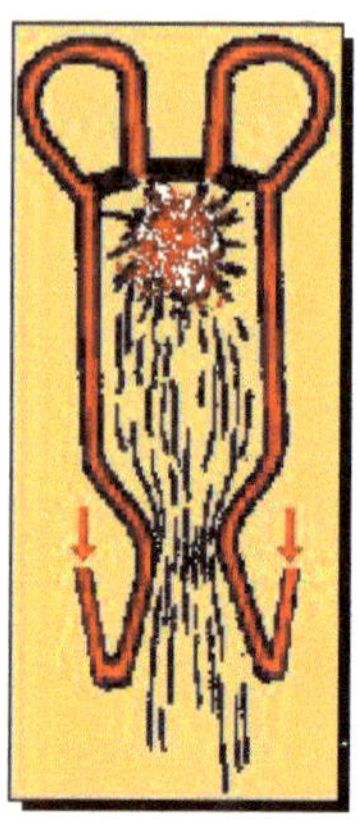

La fusée et le simple ballon, même principe donc ! Mais avec une énorme différence de sophistication. Voyons un seul exemple de cette sophistication. Étant donné que l'on tente d'obtenir la plus grande vitesse d'éjection possible, il règne, à l'intérieur des chambres de combustion et dans les tuyères, un véritable enfer. Aucun matériau ne saurait résister plus de quelques secondes à ce déluge de feu sous ces pressions colossales. Il est donc important de refroidir en permanence la chambre de combustion et la jupe de la tuyère. D'un autre côté, on ne peut pas se permettre d'embarquer une masse réservée à ce refroidissement. Ce luxe réduirait considérablement la charge utile de la fusée. Voici le moyen ingénieux mis au point par l'ingénierie astronautique. La photo suivante montre l'intérieur de la tuyère d'une fusée Saturn 5, celle d'Apollo, le programme d'exploration humaine de la Lune. On peut voir qu'elle est entièrement constituée de tubes et on distingue un homme au centre, à travers l'ouverture qui débouche sur la chambre de combustion. Ces tubes servent à faire passer les ergols liquides très froids (entre -250 et -180 degrés centigrades) avant de les envoyer se consumer dans la chambre de combustion. Ceci permet d'obtenir un double effet : refroidir le moteur de la fusée et réchauffer les ergols qui seront d'autant plus prêts à s'enflammer.

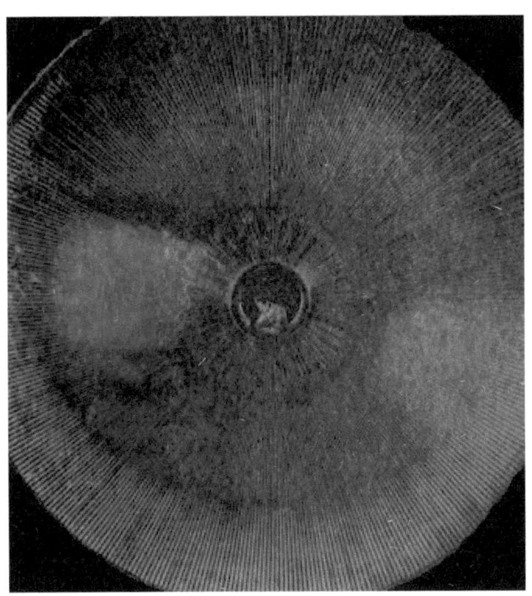

# LES LOIS DE NEWTON

Isaac Newton
**1642-1727**

Isaac Newton est né l'année de la mort de Galilée. Éditée en 1687, son œuvre « Philosophiae naturalis principia mathematica » dévoile trois lois majeures qui portent son nom, ainsi que la fameuse loi de la gravitation universelle. Cet ouvrage, à juste titre célèbre, est riche de nombreuses autres découvertes en mathématiques et en physique.

## Première loi de Newton

> **Dans un référentiel galiléen, un corps en mouvement rectiligne uniforme, sur lequel ne s'exerce aucune force extérieure, conserve son mouvement rectiligne uniforme.**

Également appelée : Principe de l'inertie, elle fut également énoncée par Galilée. Plus simplement : pas de force, rien ne change en ce qui concerne le mouvement.

## Deuxième loi de Newton

> **Force = masse x accélération**

En abrégé : F = m a.

Si on applique une force sur un corps, cette loi décrit la relation entre cette force et l'accélération du corps.

# Troisième loi de Newton

Un corps sur lequel on exerce une force exerce en retour une force d'égale intensité, mais de direction opposée.

C'est le prince sur lequel s'appuie le moteur à réaction qui nous intéresse beaucoup en astronautique.

# Loi de la gravitation universelle

Tous les corps de l'Univers s'attirent proportionnellement à leurs masses et inversement proportionnellement au carré de la distance qui les sépare.

# LES LOIS DE KEPLER

## Première loi de Kepler (1609)

L'orbite d'une planète autour du Soleil est une ellipse, dont le Soleil occupe un des foyers.

# Deuxième loi de Kepler (1609)

> **Le rayon vecteur, joignant les deux corps, balaie des aires égales en des durées égales.**

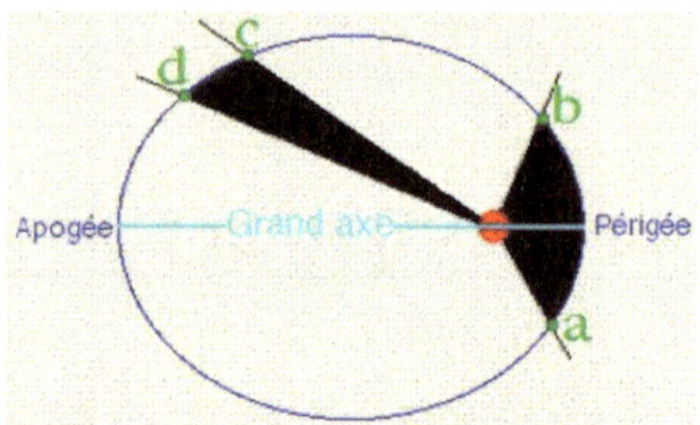


Sur la figure, les deux aires représentées en noir sont égales. Par conséquent, les arcs orbitaux correspondants sont parcourus en des durées égales (même durée pour aller de a à b que pour aller de c à d.) La vitesse orbitale est donc plus élevée au périgée qu'à l'apogée de l'orbite. Cette loi est une expression de la conservation du moment cinétique du système.

# Troisième loi de Kepler (1619)

> **Pour toutes les planètes,
> le rapport entre le cube du demi grand axe de l'orbite
> et le carré de la période est le même.**

Aux orbites de grande dimension correspondent de longues périodes de révolution. À 300 km de la Terre, un corps boucle son orbite en 1 h 30 min. À 35 842, 5 km de la Terre, un satellite géostationnaire fait le tour de notre globe en près de 24 heures (23 h 56 min et

4 s). La Lune, à 385 000 km de la Terre, a une période de révolution proche du mois.

Il ne sera pas exagérément audacieux, dès lors, d'en conclure que :

$r^3$ Mars = ($r^3$ Terre / $T^2$ Terre) x $T^2$ Mars.

et

$T^2$ Mars = ($T^2$ Terre / $r^3$ Terre) x $r^3$ Mars.

En utilisant l'année pour unité de temps et l'Unité Astronomique pour unité de distance, $T^2$ est égal à $r^3$ (l'Unité Astronomique, « UA », est le demi-grand axe de l'orbite de la Terre autour du Soleil).

| Planètes | T | r | $T^2$ | $r^3$ |
| --- | --- | --- | --- | --- |
| Mercure | 0,24 | 0,39 | 0,06 | 0,06 |
| Vénus | 0,62 | 0,73 | 0,39 | 0,39 |
| Terre | 1,00 | 1,00 | 1,00 | 1,00 |
| Mars | 1,88 | 1,52 | 3,52 | 3,51 |
| Jupiter | 11,9 | 5,20 | 142 | 142 |

Dans ce cas, il suffit d'avoir une seule des deux données pour obtenir l'autre. Par exemple, si on a T pour Mars, on peut calculer r en élevant T au carré, puis en faisant la racine cubique du résultat. À l'inverse, si on a r pour Mars, on élève cette valeur au cube et on en fait la racine carrée.

Il est important de noter que l'on peut généraliser en disant que ces lois s'appliquent à tous corps en orbite. Couple : Soleil planètes, ou Soleil comètes, ou planète satellites… **Les lois de Kepler concernent donc l'astro-nautique.**

# LEXIQUE ORBITAL

Le lexique orbital est indispensable pour parler d'astronautique ; nous allons le condenser ici.

## Ellipse – Grand axe – Petit axe – Foyer

La première loi de Kepler indique que les orbites des planètes sont des ellipses. En fait, toutes les orbites sont des ellipses. Même l'orbite parfaitement circulaire, le cercle étant une ellipse particulière, car ses deux foyers sont sur le même point. L'ellipse est donc une figure fondamentale, tant en astronomie qu'en astronautique. Une ellipse a deux foyers (F1 et F2). En tout point de l'ellipse, distance de F1 plus distance de F2 à une valeur constante. Un des deux foyers d'une orbite est le centre de gravité du corps autour duquel on gravite. Ainsi le Soleil occupe-t-il un des foyers de l'orbite de la Terre. Ainsi que celui des autres planètes, toutes les orbites des planètes ont donc un foyer commun.

• **Grand axe** : La ligne qui joint les extrémités les plus éloignées de l'ellipse en passant par les deux foyers est le grand axe.

• **Petit axe** : Le petit axe est perpendiculaire au grand axe et passe entre les deux foyers. Ce sont tous les deux des axes de symétrie.

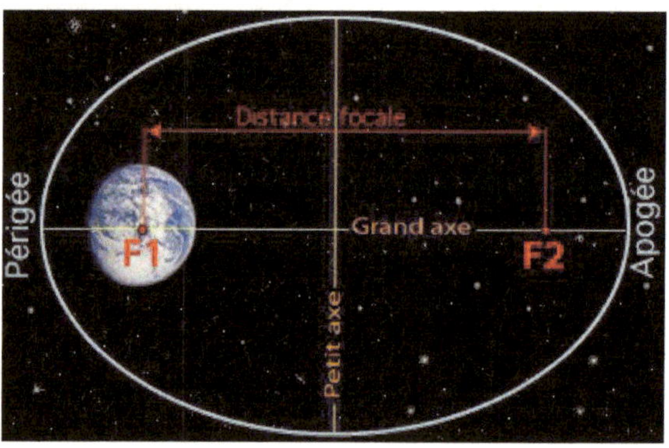


# Apogée – Aphélie – Apoastre

Altitude la plus haute, c'est-à-dire le point le plus éloigné du corps autour duquel on gravite.

• Si ce corps est la Terre, on emploie le terme **apogée**.

• Si ce corps est le Soleil, on emploie le terme **aphélie**.

• Si ce corps est un corps quelconque, non précisé, on emploie le terme **apoastre**.

Pour augmenter la valeur de l'apoastre, il faut produire une accélération au périastre. Pour diminuer la valeur de l'apoastre, il faut produire une décélération au périastre.

# Périgée – Périhélie – Périastre

Altitude la plus basse, c'est-à-dire le point le moins éloigné du corps autour duquel on gravite.

- Si ce corps est la Terre on emploie le terme **périgée**.
- Si ce corps est le Soleil on emploie le terme **périhélie**.
- Si ce corps est un corps quelconque, non précisé, on emploie le terme **périastre**.

Pour augmenter la valeur du périastre, il faut produire une accélération à l'apoastre. Pour diminuer la valeur du périastre, il faut produire une décélération à l'apoastre.

# Distance focale – Excentricité

**Distance focale** : Distance qui sépare les foyers de l'ellipse. Une orbite circulaire a une distance focale égale à 0. **Excentricité** : Distance focale divisée par le grand axe. Une orbite circulaire a une excentricité égale à 0.

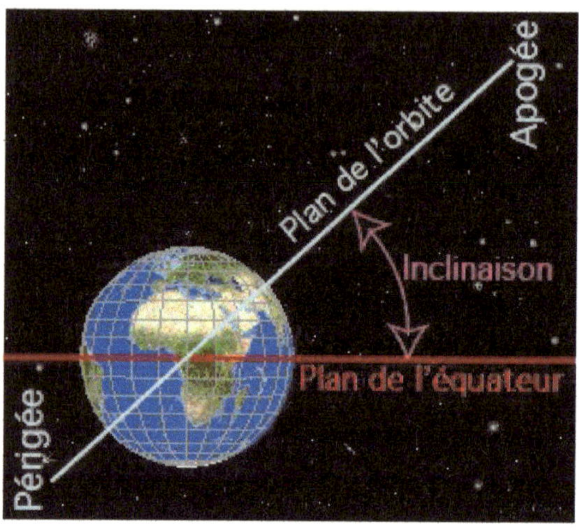


# Orbite géostationnaire, aréostationnaire

L'orbite **géostationnaire** (à quelque 36 000 kilo-mètres d'altitude) pour la Terre est celle qui correspond à l'orbite **aréostationnaire** pour Mars (à quelque 17 000 kilomètres d'altitude). Ces orbites sont équatoriales. Ces altitudes offrent aux satellites une immobilité relative au-dessus d'une région donnée. Autrement dit, cela leur permet de rester immobiles à la verticale du même lieu par rapport au sol de la planète. Caractéristique orbitale très appréciée par les satellites de communications, entre autres.

# Les Nœuds, descendant, ascendant, ligne

Les nœuds sont les deux points où l'orbite traverse le plan de l'équateur du corps autour duquel on gravite.

• **Nœud ascendant** : Nœud que l'on franchit au passage de l'hémisphère sud à l'hémisphère nord.

• **Nœud descendant** : Nœud que l'on franchit au passage de l'hémisphère nord à l'hémisphère sud.

• **Ligne des nœuds** ou ligne nodale: Elle relie les deux nœuds.

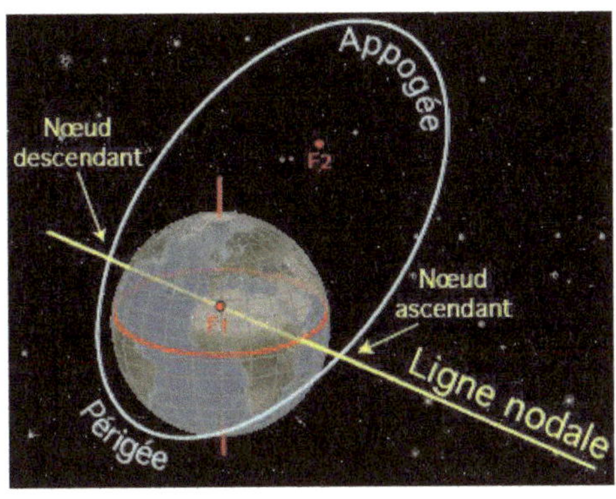


# Point vernal – Ligne des équinoxes
## année tropique – année sidérale

• **Ligne des équinoxes** : Ligne le long de laquelle le plan de l'équateur terrestre coupe le plan de l'écliptique.

• **Point vernal** : (noté gamma) Direction dans laquelle le Soleil se trouve au moment de l'équinoxe de printemps. Celui-ci a lieu le 21 mars. Le point vernal n'est pas fixe ; la précession des équinoxes le déplace de quelque 50″ par an vers l'Ouest. De ce fait, l'année tropique (temps entre deux passages consécutifs du Soleil au point vernal) est plus courte d'environ 20 min que l'année sidérale (durée de révolution de la Terre autour du Soleil). Ce mouvement de précession accomplit un tour complet en 27 800 ans.

# POINTS IMPORTANTS AU SUJET DE L'ESPACE ET DE L'ASTRONAUTIQUE

## Propulsion

Précisons un fait important à ne jamais perdre de vue en astronautique :

Le déplacement d'un engin spatial, quel qu'il soit, est la plupart du temps purement balistique. C'est-à-dire que sa trajectoire est rarement propulsée. La phase propulsée la plus importante est celle du lancement. Après, l'engin continue à se déplacer sur ce que le sens commun connaît sous le nom d'élan. Ensuite d'autres petites (très petites, vraiment timides comparativement à la première) séquences de propulsion permettront de modifier le comportement dynamique du mobile : pour changer l'altitude de l'orbite, pour échapper à la force de gravitation d'un astre, pour effectuer une petite modification de trajectoire lorsqu'on est en route vers un objectif lointain, ou, au contraire, pour ralentir afin de se laisser capturer par un champ de gravitation, pour effectuer de petites manœuvres lors d'un RDV spatial… L'obsession permanente de la technologie astronautique est la suivante :

## ÉCONOMISER LES RÉSERVES DE PROPULSION

Petit exemple parmi une infinité d'autres : C'est pour cette raison qu'on s'élance toujours de l'ouest vers l'est. Cela permet de gagner, dès le départ, la vitesse de rotation de la Terre sur elle-même. Et, on préfère partir de l'équateur parce que c'est là que cette vitesse est la plus grande (quelque 1 666 km/h).

# Relativité du mouvement

Quand on pense à l'espace, il est une autre chose très importante à garder toujours à l'esprit :

La notion de vitesse est extrêmement simple à appréhender sur Terre. Nous pouvons dire que telle chose se déplace à telle vitesse et tout le monde nous comprend. Tout le monde nous comprend parce que nous avons tous une référence commune pour juger du déplacement. Cette référence, c'est le sol de notre planète. Ainsi, quand nous lisons que la vitesse de pointe d'une moto est de 200 km/h. Ce n'est pas mentionné, car nous y sommes tous tellement habitués que ce serait inutile de le préciser, mais c'est bien par rapport à la surface de la Terre que ce chiffre a une signification. La vitesse absolue, c'est-à-dire la vitesse en elle-même, n'existe pas. Se déplacer par rapport à rien n'a aucune signification. Quand on parle de déplacements dans l'espace, il est donc important de préciser par rapport à quoi on exprime les vitesses. Ainsi, une sonde spatiale se déplacera à une vitesse très différente selon que l'on fasse référence à son point de départ (exemple, la Terre) ou à sa destination (exemple, Mars).

Pour illustrer ce propos, chers amis Terriens, nous allons penser à notre vitesse personnelle quand nous pensons être totalement immobiles, par exemple assis dans un confortable fauteuil, dans la salle de séjour d'une habitation pourvue de bonnes fondations. Nous avons la sensation d'être à l'arrêt, pourtant : nous faisons le tour de monde en 24 heures. Donc (si notre maison est sur l'équateur) nous faisons 40 000 km en 24 h soit (40 000/24 = 1 666 km/h). Nous faisons du 1 666 km à l'heure dans notre ronde autour du monde ! La Terre tourne autour du Soleil en 365 jours. Elle se trouve à quelque 150 000 000 de km du Soleil. Tous les 365 jours, elle décrit donc un cercle (c'est une ellipse, mais elle est presque circulaire) de 150 000 000 de km de rayon, ou 300 000 000 de km de diamètre. Donc la circonférence est de : 300 000 000 x 3,14 = 942 000 000 km, pas loin du milliard de km. Ainsi, nous effectuons en 365 jours un voyage de 942 000 000 km. Divisons par 365 pour trouver 2 580 822 km par jour. Divisons encore par 24 pour conclure que nous faisons du 107 534 km/h. Oui ! dans notre ronde autour du soleil, nous nous déplaçons à plus de 100 000 km/h, lors même que nous sommes tranquillement assis.

# LE RENDEZ-VOUS SPATIAL

Nous sommes quelque part sur Terre et nous voulons rejoindre un vaisseau, une station spatiale, ou un satellite, en orbite. C'est le cas le plus courant de rendez-vous spatial et nous allons parler de celui-ci.

Nous devons passer d'un état initial à un état final compte tenu des positions et vecteurs vitesse de deux corps : nous et notre cible, le satellite déjà en orbite. Dans cet exemple, nous sommes dans la navette américaine sur le site de lancement en Floride (je sais que la navette américaine n'est plus utilisée aujourd'hui, mais j'ai écrit ce texte bien avant son abandon). Notre cible est un satellite sur orbite quasi circulaire, basse, disons à quelque 300 km d'altitude. Bien ! cela dit, examinons la situation initiale :

Vitesses initiales : 400 m/s vers l'est pour la navette sur le pas de tir, avec nous dedans : (Vitesse apportée par la rotation de la Terre à cette latitude). 7 500 m/s vers l'est pour le satellite sur son orbite.

Nous aspirons à une situation finale dans laquelle les vitesses et les positions seraient les mêmes à l'altitude du satellite.

## Fenêtres de lancement

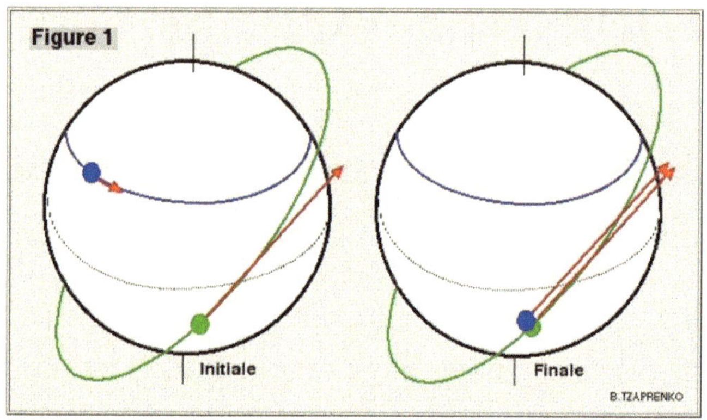



En considérant la figure 1, il vient à l'esprit que pour que le rendez-vous spatial soit économique en énergie, donc en carburant, il est préférable de lancer le vaisseau au moment où son site de lancement passe dans le plan de l'orbite du satellite. Cet événement se produit :

• En permanence dans un seul cas particulier : Quand la cible se trouve sur une orbite parfaitement équatoriale et que le site de lancement se trouve précisément sur l'équateur.

• Deux fois par jour quand l'inclinaison de l'orbite de la cible lui permet de dépasser la latitude du lieu de lancement.

• Une seule fois par jour quand l'inclinaison de l'orbite de la cible permet seulement d'atteindre la verticale du lieu de lancement.

• Jamais quand l'inclinaison de l'orbite de la cible est trop faible.

Ceci explique ce que sont les fenêtres de lancement. De plus, on comprend aisément leurs courtes durées et leur importance pour le rendez-vous spatial.

# Le mouvement orbital

Le mouvement orbital peut être décrit par les lois de Kepler. Si elles ne vous sont pas familières, ce peut être une bonne idée de les considérer, par exemple là : les trois lois de Kepler.

La conséquence des lois de Kepler que nous allons examiner peut être simplifiée ainsi : Plus on s'éloigne du corps autour duquel on gravite, plus on tourne lentement autour de lui. Mais soyons plus précis :

Variation de la vitesse orbitale selon l'éloignement du centre attractif : la vitesse orbitale (v) varie comme l'inverse de la racine carrée de la distance au centre attractif (z). Figure 2.

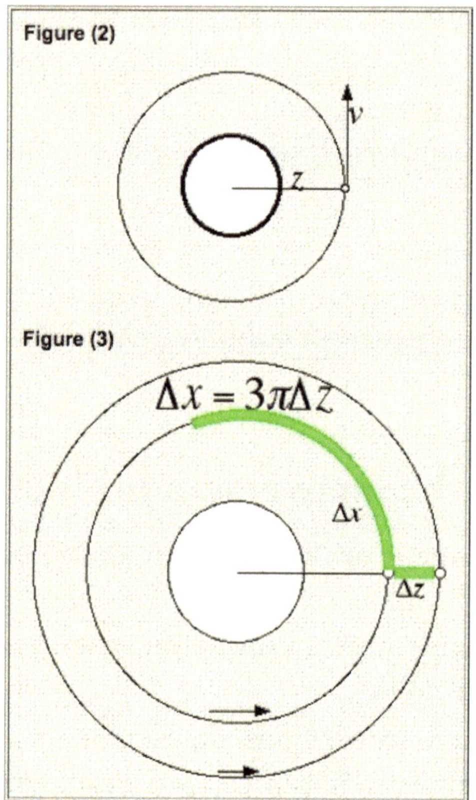


# Eloignement horizontal relatif, entre deux orbites circulaires

À chaque révolution, l'éloignement horizontal relatif entre deux orbites circulaires, est égal à la distance verticale multipliée par 3 π (soit approximativement multipliée par 10). Figure 3.

Par exemple, si vous vous trouviez à cinq mètres au-dessous de votre cabine spatiale, en train de flotter dans l'espace dans votre combinaison, au bout d'une révolution complète, 90 min plus tard, vous vous retrouveriez à cinquante mètres devant cette cabine. On voit dès lors la nécessité d'être relié au vaisseau par un câble de sécurité quand on fait des sorties extravéhiculaires.

Ajoutons une évidence : il est impératif que les deux orbites soient précisément sur le même plan. Une position réciproque différente conduisant, on le comprend, à un écart latéral cyclique synchronisé avec la période orbitale.

# Effets des impulsions positives ou négatives

Freiner pour aller plus vite,
accélérer pour ralentir !

Phénomène surprenant (surprenant pour qui est entraîné à vivre sur Terre) : en orbite, il faut perdre de la vitesse pour aller plus vite, et il faut accélérer pour ralentir.

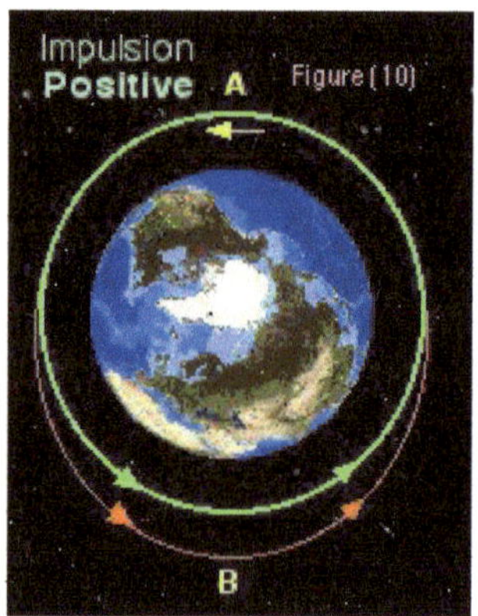


Figure 10. Que se passe-t-il donc lorsque l'on donne une impulsion positive ? Nous accélérons notre ronde autour du centre attractif, bien sûr, je ne vous le fais pas dire. Mais, là encore, pensons aux conséquences qui résultent de ce phénomène conforme au sens commun : notre vaisseau gagne de la vitesse, donc la force centrifuge qui le maintient en orbite augmente également, donc il monte sur une orbite plus haute, donc... vous l'avez compris (conséquence des lois de Kepler) il va

plus lentement sur cette orbite puisqu'elle est plus haute. En fait, il a perdu de la vitesse en montant.

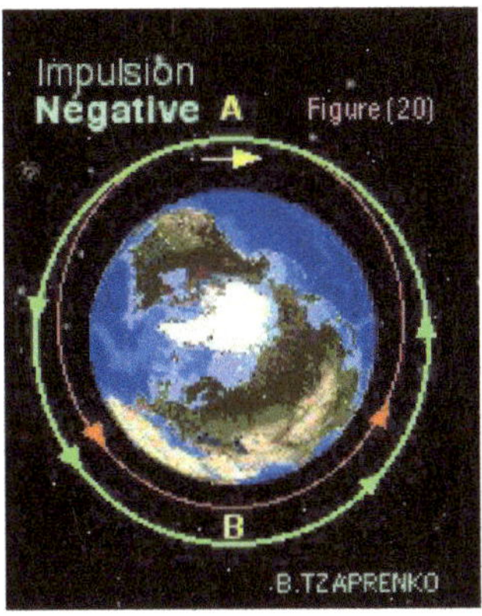


Figure 20. Que se passe-t-il donc lorsque l'on donne une impulsion négative (c'est-à-dire, réacteurs dirigés vers l'avant, on accélère dans le sens opposé à notre course orbitale) ? Notre vaisseau perd de la vitesse. Jusque-là, rien de plus normal, me direz-vous. Mais pensons aux conséquences qui découlent de cette banalité : Notre vaisseau perd de la vitesse, donc la force centrifuge qui le maintient en orbite diminue également, donc il tombe sur une orbite plus basse, donc… vous l'avez compris (conséquence des lois de Kepler) il va plus vite sur cette orbite puisqu'elle est plus basse. En fait, il a gagné de la vitesse en tombant.

# Modification de la forme de l'orbite

Il est important de comprendre qu'à la suite d'une impulsion le changement d'altitude maximum se fera de l'autre côté de l'orbite. Voir les figures 10 et 20. Les orbites initiales circulaires sont représentées en vert, les orbites résultantes sont tracées en orange. Les impulsions positives ou négatives se font au point A.

• Dans le cas de l'impulsion positive, l'altitude maximum, l'apogée, sera atteinte au point opposé B.

• Dans le cas de l'impulsion négative, l'altitude minimum, le périgée, sera également au point opposé B.

## Circulariser l'orbite

Nous sommes sur une orbite excentrée et nous voulons la circulariser. Voyons comment procéder.

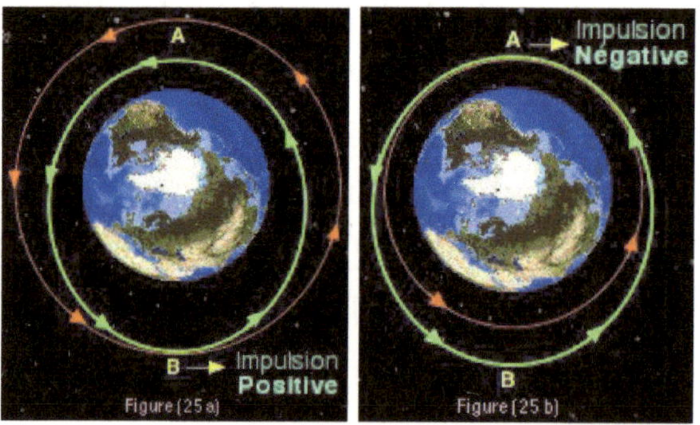


Sur les figures 25a et 25b, les orbites excentriques initiales sont figurées en vert, les orbites finales circularisées sont orange. Pour circulariser une orbite excentrée, il suffit selon le cas :

• Si l'on veut garder la plus grande altitude, il faut donner une impulsion positive, d'une puissance adéquate, à l'apogée pour se placer sur une orbite circulaire d'altitude égale à cet apogée. Figure 25a. En effet, comme c'est dit plus haut, une impulsion positive en B augmente l'altitude du côté opposé, en A.

• Si l'on veut circulariser à l'altitude la plus basse, il faut donner une impulsion négative, d'une puissance adéquate, au périgée pour se placer sur une orbite circulaire d'altitude égale à ce périgée. Figure 25b. En effet, comme c'est dit plus haut, une impulsion négative en A diminue l'altitude du côté opposé, en B.

Dans les deux cas, il est possible de circulariser l'orbite en plusieurs fois, à chaque révolution, une impulsion réduisant l'excentricité.

## Revenons à notre rendez-vous spatial

Voyons à présent un scénario pour expérimenter ce que nous venons d'apprendre. Nous sommes dans un vaisseau, sur le même plan orbital que notre cible qui se trouve, disons cent mètres devant nous. Nous sommes en A notre cible est en 1, figure 30.

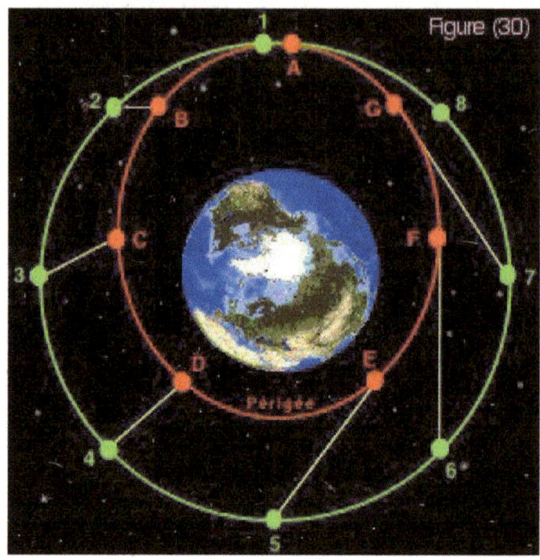



Notre orbite est tracée en orange celle de la cible en vert. Notre but est de la rattraper. Nous sommes de vieux routiers de l'espace. Aussi, au lieu d'accélérer comme le ferait n'importe qui, nous donnons une impulsion négative, autrement dit, les réacteurs dirigés vers l'avant nous ralentissons légèrement. C'est le cas illustré par la figure 20, la flèche jaune représentant l'impulsion négative. Mais revenons à la figure 30.

Notre vaisseau perd alors de la vitesse par rapport à la vitesse circulaire et glisse sur une orbite elliptique dont le périgée se trouve à 180° de l'endroit où l'impulsion s'est produite.

Immédiatement après notre « coup de frein », nous allons effectivement nous éloigner encore plus de notre cible. Mais, rapidement, nous allons aussi perdre de l'altitude en suivant notre nouvelle orbite dans la direction de son périgée.

Ce faisant, notre chute va nous donner de la vitesse. De telle sorte que, comme nous l'avions prémédité en

64

tant que vieux loups du cosmos, nous finissons par rattraper et même dépasser notre cible par le dessous. Les traits jaunes, reliant le vaisseau à sa cible à chaque étape, permettent de suivre les positions relatives. 40 min plus tard nous sommes vers D notre cible est en 4. Cinq minutes de plus s'écoulent, nous avons atteint notre périgée entre D et E. Une fois notre périgée dépassé (c'est le point qui nous éloigne le plus verticalement de la cible) nous remontons vers notre apogée qui coïncide toujours avec l'altitude de la cible.

Encore 45 min plus tard, c'est à dire 90 min au total après avoir quitté le point A, nous nous retrouvons donc à l'altitude de la cible, mais cette fois devant elle. Nous sommes en effet de nouveau au point A, alors qu'elle est seulement au point 8.

On peut bien entendu imaginer le scénario inverse, figure 40.

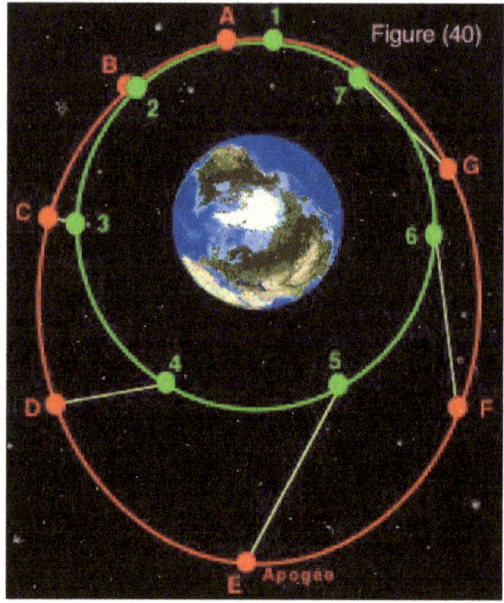


Nous sommes au point A devant la cible qui est au point 1. On accélère. Cette accélération nous fait monter vers un apogée situé à 180° de l'endroit où l'impulsion s'est produite. Monter nous ralentit. La cible nous dépasse donc. Nous finissons par redescendre vers notre périgée qui coïncide toujours avec l'altitude de la cible. Donc finalement nous nous retrouvons derrière la cible.

Hein ! Comme je vous l'avais dit : freiner pour aller plus vite. On comprend mieux qu'il faille ralentir pour aller plus vite, n'est-ce pas ! Notre sens commun ne s'en trouve plus meurtri.

Mais alors, une fois devant, une fois derrière, jamais nous ne l'atteindrons, cette cible !

Mais si, bien sûr ! Tout est dans la parfaite maîtrise du phénomène décrit dans les deux scénarios. Il suffit de doser précisément les impulsions de telle sorte à ce qu'elle nous rapproche de la cible.

Nous avons vu par quelles manœuvres de navigation spatiale il nous est possible de rattraper la cible ou de nous laisser rattraper par elle. Il suffit de maîtriser finement cette technique. Pour avoir un ordre de grandeur, sachons, qu'à l'altitude de quelque 300 km, une seule impulsion négative de 30 cm/s donne une avance de 5 000 m, à chaque orbite complète. Dans l'autre sens, pareil : une seule impulsion positive de 30 cm/s donne un retard de 5 000 m, à chaque orbite complète. Ceci montre à quel point il faut se garder d'utiliser son intuition de Terrien en matière de navigation spatiale. Il faut bel et bien ralentir, pour rattraper ce qui est devant nous, tandis qu'il faut accélérer, pour attendre ce qui nous suit.

# Mouvements relatifs dans le rendez-vous spatial

Étudions à présent les mouvements relatifs du rendez-vous spatial entre la cible et le vaisseau, figure 50. Comme de toute façon, tous les mouvements sont par essence relatifs à un référentiel, nous choisissons, arbitrairement, de considérer que notre cible se meut sagement le long d'une ligne droite. Sa trajectoire est tracée en vert. La ligne courbe orange, décrivant des boucles, représente alors la trajectoire de notre vaisseau relativement à elle.

Comment ? Non, cela ne nous donne pas plus la nausée que si nous étions à bord de la cible. Ce mouvement est relatif par rapport à celle-ci. Nous pourrions très bien considérer l'inverse.

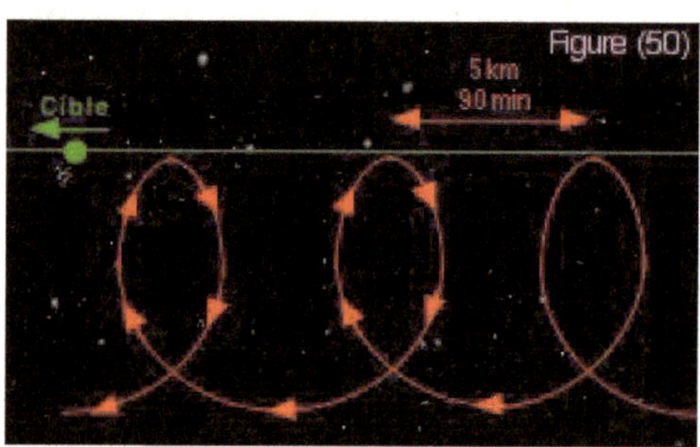


C'est-à-dire que c'est nous qui suivons une trajectoire rectiligne alors que la cible décrit des boucles incongrues au-dessus de nous. La figure 50 serait alors exactement identique, à ceci près, qu'il y aurait écrit : « Vaisseau » à la place de « Cible » et que les boucles orange représenteraient la trajectoire de cette dernière.

La figure 50 montre trois révolutions excentriques d'un vaisseau qui rattrape une cible sur son orbite circulaire. Les sommets des boucles, qui effleurent la ligne verte, sont les apogées, les bas sont les périgées. Dans cet exemple, il s'approche de la cible de 5 km à chaque révolution de 90 min.

C'est donc bien en nous plaçant sur une orbite plus petite, ou plus grande, que celle de la cible, comme sur les figures 30 et 40, que nous allons, nous approcher de notre RDV. Soit en attendant la cible (figure 40), soit en la rattrapant (figure 30).

Il existe plusieurs manières de procéder pour réussir un RDV spatial, méthodes russes, européennes, américaines… Je vais tâcher de détailler leurs particularités, dans un avenir (que j'espère proche). Toutes ces tactiques sont toutefois basées sur ce que nous venons de voir.

## Pour résumer et simplifier

• Partir au bon moment. (Voir les fenêtre de lancement).

• Se placer sur une orbite parfaitement dans le plan de celle de la cible.

• Rester à une altitude moyenne plus basse, derrière la cible pour la rattraper.

• Réduire peu à peu la différence entre les deux orbites jusqu'à être sur la même au même moment au même endroit.

# Index

rebrand.ly/AstroBTZ